BEI GRIN MACHT SICH IHR WISSEN BEZAHLT

- Wir veröffentlichen Ihre Hausarbeit,
  Bachelor- und Masterarbeit

- Ihr eigenes eBook und Buch -
  weltweit in allen wichtigen Shops

- Verdienen Sie an jedem Verkauf

Jetzt bei www.GRIN.com hochladen und kostenlos publizieren

Bibliografische Information der Deutschen Nationalbibliothek:

Die Deutsche Bibliothek verzeichnet diese Publikation in der Deutschen National-
bibliografie; detaillierte bibliografische Daten sind im Internet über http://dnb.d-
nb.de/ abrufbar.

Impressum:

Copyright © 2006 GRIN Verlag, Open Publishing GmbH
Druck und Bindung: Books on Demand GmbH, Norderstedt Germany
ISBN: 9783640528196

Dieses Buch bei GRIN:

http://www.grin.com/de/e-book/143528/das-modell-des-demographischen-ueber-
gangs

Benedikt Breitenbach

Das Modell des demographischen Übergangs

Allgemein, Transformationsprozess, demographischer Übergang in Industrieländer und Entwicklungsländern, Kritik

GRIN Verlag

GRIN - Your knowledge has value

Der GRIN Verlag publiziert seit 1998 wissenschaftliche Arbeiten von Studenten, Hochschullehrern und anderen Akademikern als eBook und gedrucktes Buch. Die Verlagswebsite www.grin.com ist die ideale Plattform zur Veröffentlichung von Hausarbeiten, Abschlussarbeiten, wissenschaftlichen Aufsätzen, Dissertationen und Fachbüchern.

Besuchen Sie uns im Internet:

http://www.grin.com/

http://www.facebook.com/grincom

http://www.twitter.com/grin_com

Johannes Gutenberg-Universität Mainz

Geographisches Institut

Einführungsübung Humangeographie II

Benedikt Breitenbach

Thema: Modell des demographischen Übergangs

Abgabetermin: 19.07.2006

Modell des demographischen Übergangs

Inhaltsverzeichnis

1. Einleitung

Das Modell des demographischen Übergangs zeigt den idealtypischen Ablauf des Bevölkerungswachstums europäischer Länder. Inwiefern ist es erlaubt das Modell auf Länder der Dritten Welt zu übertragen? Kann der Transformationsprozess auch zur Erklärung der Veränderungen und zur Prognose künftiger Bevölkerungsentwicklungen in Entwicklungsländern angewendet werden?

2. Das Modell des demographischen Übergangs

Basierend auf die Vorarbeiten von W. S. Thompson im Jahr 1929 entwickelt F. W. Notestein 1945 das Modell des demographischen Übergangs. (HEINEBERG 2004: 75) Es bezieht sich auf die Beobachtungen der natürlichen Bevölkerungsentwicklung in Europa, Nordamerika und Australien. (BÄHR 1997: 248-249), (BASILAUTZKIS 2000)

Der Ausgangspunkt des Modells ist ein geringer Bevölkerungszuwachs, bedingt durch hohe Sterbe- und Geburtenziffern. Am Ende des Übergangs steht ein ebenfalls geringes Bevölkerungswachstum, bis hin zur leichten Bevölkerungsabnahme in Folge von Sterbeüberschüssen. (MÜNZ & ULRICH 2002) Bevölkerungswissenschaftler sind der Ansicht, dass die Fruchtbarkeit und Sterblichkeit direkt mit dem gesellschaftlichen und wirtschaftlichen Entwicklungsstand eines Landes, einer Region oder eines Ortes zusammenhängt. Demnach haben die ökonomischen, politischen, sozialen und technologischen Veränderungen in Verbindung mit der Industrialisierung und der Verstädterung zu einer Entwicklung beigetragen, die als demographischer Übergang bezeichnet wird. (KNOX und MARSTON 2001: 145)

Das Modell beschreibt die Veränderung des Verhaltens und der Sterblichkeit in einer menschlichen Population beim Übergang von einer vorindustriellen zu einer industriellen Gesellschaft, bei der hohe Geburten- und Sterbeziffern durch niederige abgelöst werden. (KNOX und MARSTON 2001: 145) Den Transformationsprozess zwischen diesen beiden Phasen bezeichnet man als demographischen Übergang. (MÜNZ und ULRICH 2002)

3. Ablauf des Transformationsprozess

Der demographische Übergang stellt in den meisten europäisch geprägten Ländern eine parallele Entwicklung zum Industrialisierungsprozess dar. So hat der demographische Übergang, wie die Industrialisierung ihren Ursprung in England/Wales. (KULS und KEMPER 2000: 172) Der Verlauf des Modells trifft weitgehend für Europa, Nordamerika,

Australien/Neuseeland und Japan zu. (BIRK, S. 2003), (KNOX und MARSTON 2001: 146), Am Ende der demographischen Transformation steht meist auch der Übergang von einer agrarisch geprägten Wirtschaftsform zu einer industriellen. In dem Verlauf ist es zu Veränderungen in der Bevölkerungsverteilung durch das Wachstum der Großstädte und der industriellen Agglomeration gekommen. Bei dem Prozeß des demographischen Übergangs sind Verschiebungen der Altersstruktur und der Sexualproportion zu erkennen. (BIRK, S. 2003), (KULS & KEMPER 2000: 172) Die Anzahl und Bezeichnungen der Phasen des Modells, demographischer Übergang, variieren je nach Autor. (HEINEBERG 2004: 76)

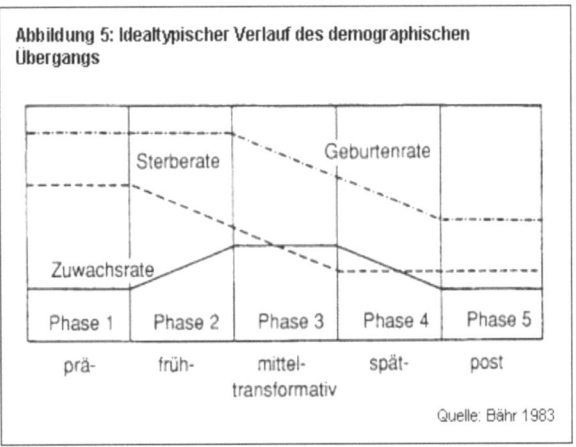

(BASILAUTZKIS 2000)

Der idealtypische Prozess des demographischen Übergangs verläuft in 5 Phasen. In der *prätransformative Phase (Vorbereitungsphase)* ist die Geburten- und Sterberate hoch, mit einem niedrigen Bevölkerungswachstum. Die *frühtransformative Phase (Einleitungsphase)* kennzeichnet sich dadurch, dass die Sterberate deutlich fällt, bei einer weiterhin konstanten Geburtenrate. Die Bevölkerungsschere beginnt sich, aufgrund des ansteigenden Bevölkerungswachstums zu öffnen. In der *mitteltransformativen Phase (Umschwungphase)* beginnt die Geburtenrate zu sinken, bei weiterem sinken der Sterberate. Es ist die Maximale Wachstumsrate erreicht (maximale Öffnung der Bevölkerungsschere). Die *spättransformative Phase (Einlenkphase)* kennzeichnet eine stark zurückgehende Wachstumsrate, bei stark sinkenden Geburtenraten und einer nur leicht sinkenden Sterberate. Die Bevölkerungsschere beginnt sich zu schließen. In der *posttransformativenPhase (Ausklingende Phase)* ist eine

2

geringe Sterberate und Geburtenrate zu erkennen. Das Bevölkerungswachstum ist gering bis rückläufig. (BÄHR 1997: 250), (BASILAUTZKIS 2000)

Eine Anwendung dieser Modellvorstellung ist auf vier Ebenen möglich:

- Beschreibungsfunktion, bezüglich der idealtypische Beschreibung der zeitlichen Veränderung der Mortalität und Fertilität in den Industrienationen.
- Klassifikationsfunktion, d.h. die Typisierung einzelner Länder hinsichtlich des Standes in der demographischen Entwicklung.
- Theoriefunktion zur Ermittlung der Ursachen des Transformationsprozesses.
- Und die Prognosefunktion als Grundlage einer Prognose künftiger Bevölkerungsentwicklung.

(BÄHR 1997: 250-251), (BASILAUTZKIS 2000)

4. Der demographische Übergang in Industrieländern

Am Beispiel von England/Wales lassen sich die Phasen des Transformationsprozesses gut erkennen. (BÄHR 1997: 248) Dort hat sich die Geburtenrate und Sterberate in den vergangenen Jahrhunderten in regelmäßiger Weise entwickelt. Daher glaubt man, dass jede Bevölkerung einen demographischen Transformationsprozess durchläuft. (HEINEBERG 2004: 76)

Der demographische Übergang von hohen zu niederigen Geburten- und Sterberaten hat sich in Europa innerhalb eines langen Zeitraums vollzogen. Es ist vielmehr ein sich über Generationen hinziehender Prozess, mit der Einflußnahme eintretender Veränderungen von Gesellschaft und Wirtschaft. (KULS und KEMPER 2000: 172)

Eine Überprüfung des Modells bezüglich einzelner Länder ergibt, dass das Ablaufschema für Europa und für europäisch Neusiedelländer weitgehend zutrifft. Vergleiche machen deutlich, „dass sich der demographische Übergang zu unterschiedelichen Zeiten und mit unterschiedlicher Geschwindigkeit vollzogen hat." (BÄHR 1997: 252). Untersuchungen zeigen, dass der „Übergang von einem Zustand hoher Mortalität und Fertilität zu allgemein niedrigen Sterblichkeits- und Fruchtbarkeitswerten um so länger dauert, je früher der Umschwung einsetzte." (BÄHR 1997: 252) Der demographische Übergang dauert in England, dem Mutterland der Industrialisierung, etwa 200 Jahre, in Dänemark ungefähr 160 Jahre, in Deutschland 70 Jahre und in Japan dagegen nur 40 Jahre. Bei Betrachtung verschiedener Regionen in Ländern, ergeben sich ähnliche Unterschiede. (BÄHR 1997: 252)

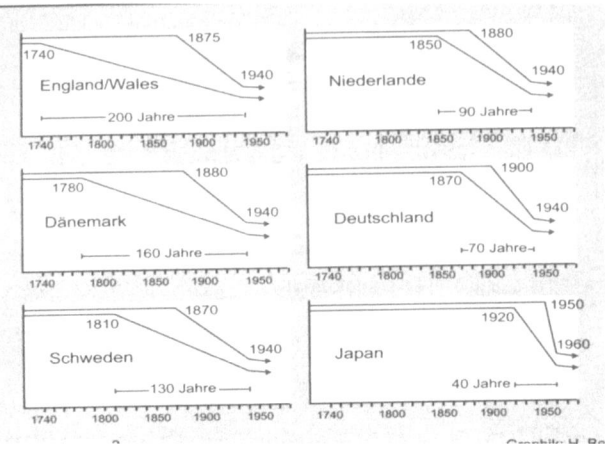

(HEINEBERG 2004: 76)

5. Der demographische Übergang in Entwicklungsländern

Im Vergleich zu den heutigen Entwicklungsländern sieht dort vieles anders aus, als im Europa des 19. und 20. Jahrhunderts. Seit Mitte der 1940er Jahre haben einige lateinamerikanische und asiatische Länder die transformative Phase erreicht, verbunden mit einem stark zunehmenden Bevölkerungswachstum. In den 1960er Jahren sind die Staaten in Süd- und Südostasien, sowie in Nord- und Südafrika in die mitteltransformative Phase eingetreten. (BÄHR 1997: 255)

In den Entwicklungsländern ist eine Auseinanderentwicklung von Geburten- und Sterberate zu erkennen. Eine Fruchtbarkeitsabnahme ist in einigen Ländern nicht zu erkennen. Ein schneller Transformationsprozess lässt sich bei verzögertem Beginn in den Entwicklungsländern nicht erkennen. Einzelne Länder befinden sich seit mehr als einem halben Jahrhundert in der Übergangsphase, ohne das ein Ende zu erkennen ist. (BÄHR 1997: 255) Nur noch ein Teil der Entwicklungsländer, überwiegend im tropischen Afrika und Indien, gehören seit 1980 der frühtransformative Phase an. In den Ländern der Dritten Welt ist der Transformationsprozess nur in einigen Ländern zum Abschluss gekommen. (HEINEBERG 2004: 76) Jedoch sind manche Bevölkerungswissenschaftler der Ansicht, dass viele Entwicklungs- und Schwellenländer in der Übergangsphase, die auch als demographische Falle bezeichnet wird, steckengeblieben sind. (KNOX und MARSTON 2001: 146)

4

6. Kritik an der Theorie

Das Modell des demographischen Übergangs ist eine empirische Verallgemeinerung, da die Theorien der westlichen Bevölkerungsentwicklung auf andere Kulturkreise übertragen werden. Ebenso kann keine allgemeingültige Aussage über die Dauer und Ausprägung des demographischen Übergangs erstellt werden. Unter anderem bleibt es ungeklärt, ob der Transformationsprozess stetig erfolgt und ob der Übergang einmalig ist, und damit abgeschlossen ist. (HAUSER 1990: 28), (HEINEBERG 2004: 76)

Bevölkerungswissenschaftler sind sich gegenwärtig noch uneinig, „ob und inwieweit Modelle des demographischen Übergangs einen Beitrag zur Erklärung der Veränderungen und zur Prognose künftiger Bevölkerungsentwicklungen, insbesondere in Bezug auf Entwicklungs- oder Schwellenländer, leisten können." (HEINEBERG 2004: 76) Die Modelle sind nur bedingt auf Entwicklungsländer übertragbar, da die Dauer der Übergangsphase nicht bekannt ist. (HEINEBERG 2004: 76)

Zwar kann das Modell die Geschichte und den Verlauf der Bevölkerungsentwicklung beschreiben, jedoch ist es als Erklärung für demographische Prozesse in Ländern ungeeignet. Ebenso geschieht die Industrialisierung selten aus eigener Anstrengung, viel mehr ist ausländisches Kapital die treibende Kraft. (KNOX und MARSTON 2001: 149) In den Industrieländern vollzieht sich dieser Prozess von selbst, während in den Entwicklungsländern durch importierten Fortschritt nachgeholfen werden muss. (MÜNZ und ULRICH 2002)

Weitere Kritiker des Modells sehen verschiedene Faktoren, die den demographischen Übergang auf Kosten des wirtschaftlichen Wachstums hemmen: den Mangel an Facharbeitern, den hohen Anteil an Analphabeten, die soziale Stellung der Frau, sowie den geringeren technologischen Fortschritt. (KNOX und MARSTON 2001: 149)

Für die Industrieländer mag der demographische Übergang eine charakteristische Entwicklung sein, jedoch kann das Modell auf die Entwicklungs- und Schwellenländer nur begrenzt übertragen werden. (KNOX und MARSTON 2001: 149)

7. Fazit

Kaum ein Land der Industriestaaten hat eine so hohe Zuwachsrate erreicht, wie sie momentan für viele Entwicklungsländer charakteristisch ist. Aufgrund der zivilisatorischen und technologischen Bedingungen ist ein Vergleich der heutigen Situation der

Entwicklungsländer, mit der in Europa vor mehr als einem Jahrhundert nur sehr beschränkt möglich. Das Modell des demographischen Übergangs kann nur bedingt als Prognose Instrument eingesetzt werden. Um eine Vermutung der zukünftigen Entwicklung darzustellen ist es geeignet, jedoch können keine spezifischen Aussagen zum Verlauf gemacht werden.

Literaturverzeichnis

BÄHR, J. ([3]1997): Bevölkerungsgeographie. Verteilung und Dynamik der Bevölkerung in globaler, nationaler und regionaler Sicht. Stuttgart.

BASILAUTZKIS, L. (2000): Referat. Das Modell des demographischen Übergangs und seine prognostischen Aspekte. Internet: http://www.basilautzkis.de/downloads/demogrueberg.html (29.04.2006).

BELLMANN, K. (2006): Konzept des demographischen Wandels. Internet: http://www.tu-chemnitz.de/phil/soziologie/nauck/p/LehreSS06klaus/Handout.pdf (30.04.2006).

BIRG, H. (2001): Die demographische Zeitenwende. Der Bevölkerungsrückgang in Deutschland und Europa. München.

BIRK, S. (2003): Grundlagen der Bevölkerungsgeographie. Internet: http://www.e-geography.de/module/bev1/html/intro.htm (30.04.2006).

DINKEL, R. (1989): Demographie. Bevölkerungsdynamik München. Vahlen.

HAUSER, J. (1982): Bevölkerungslehre. Stuttgart.

HAUSER, J. (1990): Bevölkerungs- und Umweltprobleme der Dritten Welt. Bern.

HUMMEL, D. (2000): Der Bevölkerungsdiskurs. Demographisches Wissen und politische Macht. Opladen.

HEINEBERG, H. ([2]2004): Einführung in die Anthropogeographie/Humangeographie. Paderborn.

KHALATBARI, P. (1999): Demographie. Internet: http://www.demographie-online.de/downl/jpsg0199.pdf (30.04.2006).

KULS, W. ([2]1993): Bevölkerungsgeographie. Eine Einführung mit 33 Tabellen. Stuttgart.

KNOX, P. L. und S. A. MARSTON (2001): Humangeographie. Heidelberg.

KULS, W. und F.-J. KEMPER ([3]2000): Bevölkerungsgeographie. Eine Einführung. Stuttgart.

LANGE, N. (1991): Bevölkerungsgeographie. Paderborn.

LINTL, M. (1996): Industrielle Vorraussetzungen und Entwicklung in Schleswig-Holstein. Internet: http://www.uni-kiel.de/forum-erdkunde/hintergr/sh1995/09_indus.htm (30.04.2006).

MÜNZ, R. und R. ULRICH (2002): Demographischer Übergang. Internet: http://www.berlin-institut.org/pages/buehne/buehne_beventw_muenz_demogr.uebergang.html (29.04.2006).

SCHMID, J. (1984): Bevölkerung und soziale Entwicklung. Wiesbaden.

SCHÄTZL, L. ((8)2001): Wirtschaftsgeographie. Paderborn.

WEIß, W. (o. J.): Einführung in die Bevölkerungsgeographie. Internet: http://www.unigreifswald.de/~geograph/wiso_geo/Mitarbeiter/weiss/BevGeo-Einf-00.pdf (30.04.2006).

BEI GRIN MACHT SICH IHR WISSEN BEZAHLT

- Wir veröffentlichen Ihre Hausarbeit,
  Bachelor- und Masterarbeit

- Ihr eigenes eBook und Buch -
  weltweit in allen wichtigen Shops

- Verdienen Sie an jedem Verkauf

Jetzt bei www.GRIN.com hochladen und kostenlos publizieren